# ÉTUDE

DÉDIÉE A

M. le Docteur JULES GAIRAL

Conseiller général des Ardennes.

Publications périodiques de la Graineterie Denaiffe

# PLANTES FOURRAGÈRES
## NOUVELLES

Veux-tu du blé, fais des prés.

JACQUES BUJAULT.

CARIGNAN
IMPRIMERIE DE LA GRAINETERIE DENAIFFE

1896

## I

*UN TRÈFLE NOUVEAU :*

# LE TRÈFLE DE PANNONIE, perpétuel

## (Trifolium pannonicum)

Depuis 1882, le Docteur STEBLER, le savant Directeur de la Station fédérale suisse d'essais des semences, poursuit avec beaucoup d'intelligence et de persévérance ses études, ainsi que ses nombreuses expériences sur les papilionacées sauvages.

Mais de toutes les papilionacées inconnues en culture, observées par le Dr STEBLER, c'est assurément le Trèfle de Pannonie ou Pannonien qui a donné les meilleurs résultats. Après dix années d'expériences dans les conditions les plus diverses, on peut assurer que cette nouvelle et précieuse plante fourragère rendra de très grands services.

Dans une intéressante visite aux champs d'expériences de la Station d'essais des semences de Zurich (Suisse), nous avions été surpris de la vigueur de cette belle plante, dont la végétation luxuriante contrastait au milieu de celle d'autres trèfles plus ou moins éprouvés par la mauvaise température. Aussi, exprimions-nous le désir de posséder des renseignements précis, afin de signaler le Trèfle Pannonien aux agriculteurs, que la question des plantes fourragères

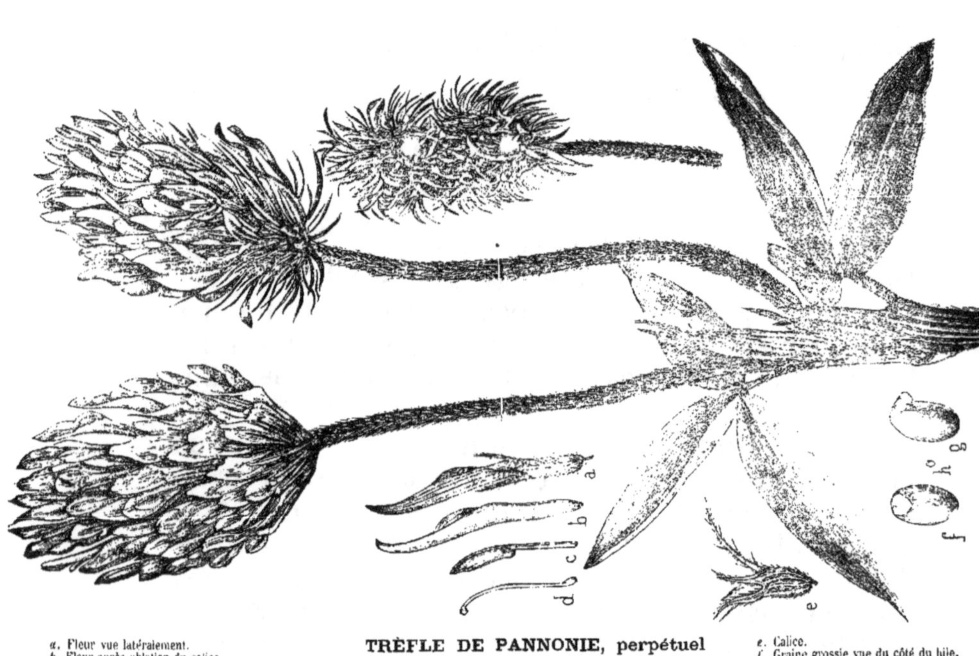

**TRÈFLE DE PANNONIE, perpétuel**

*(Trifolium pannonicum).*

*a.* Fleur vue latéralement.
*b.* Fleur après ablation du calice.
*c.* Fleur après ablation du calice et de l'étendard.
*d.* Pistil.

*e.* Calice.
*f.* Graine grossie vue du côté du hile.
*g.* Graine vue de profil.
*h.* Graine grandeur naturelle.

intéresse toujours de plus en plus. Avec sa complaisance habituelle, le Dr STEBLER voulut bien accéder à notre désir.

Ainsi que nous l'avons déjà dit, le Trèfle Pannonien ne se trouve nulle part en culture : c'est bien un trèfle vivace : une fois établi sur un sol convenable, il ne disparaît plus jamais.

Le Dr STEBLER a des cultures de 6 ans où il est encore aussi vigoureux qu'au commencement, et au jardin botanique de Zurich, il y a des plantes de Trèfle Pannonien ayant environ 20 ans.

Sur un bon sol, ce trèfle atteint la hauteur d'un mètre et donne deux coupes par an. La qualité du fourrage est à peu près celle du trèfle violet.

Le Trèfle Pannonien appartient à l'espèce *trifolium*.

Les feuilles sont tripétales comme celles du trèfle violet, mais elles sont plus grandes et plus velues, les tiges sont plus hautes ; à leur extrémité, les fleurs beaucoup plus grosses ont une forme sphérique allongée. Ces dernières ont une belle couleur ivoire diminuant jusqu'au blanc vers le haut, s'accentuant en jaune vers le bas. L'aspect d'un champ de Trèfle Pannonien en fleur est vraiment superbe. La graine est un quart plus grosse que celle du trèfle violet, sa couleur franchement jaune paille la différencie complètement des autres variétés. Il y a environ 434,500 grains au kilo, l'hectolitre pèse 80 kilos, le poids de mille grains est de 2 gr. 3, la graine récoltée en 1895 a 96,2 °/o de pureté (3,8 °/o de brisures) et une faculté germinative de 87 °/o ; elle est donc excellente.

*Pour bien prospérer, le Trèfle Pannonien demande un bon sol frais, profond, bien fumé.*

Pendant la première année, les jeunes plantes

se développent très lentement, comme cela a lieu pour toutes les papilionacées de longue durée. Ensemencé au printemps, *il ne forme pas toujours de tiges complètes dans la même année*, même sur le meilleur sol, mais seulement des touffes de feuilles. C'est pourquoi les mauvaises herbes doivent être enlevées soigneusement pendant la première année, parce que, sans cela, le trèfle pourrait facilement disparaître.

Le Trèfle de Pannonie étant vivace rembourse largement les frais de sa première année de végétation : mais les agriculteurs qui ne veulent pas faire ce sacrifice au début n'ont pas besoin d'essayer sa culture, car le jeune trèfle sera fatalement étouffé par les mauvaises herbes.

La seconde année, il fournit déjà une pleine récolte de deux coupes ; il en est de même les années suivantes. La première coupe doit se faire assez tôt, quand les premières fleurs s'épanouissent : dans ce cas le fourrage est meilleur et la deuxième coupe beaucoup plus forte. Dans nos cultures de CARIGNAN, en première coupe et en vert, le rendement moyen a été de 18,200 kilog. par hectare.

Il est certain que ce rendement sera beaucoup plus élevé l'an prochain.

L'examen des résultats d'analyses faites récemment à notre laboratoire, permettra de se rendre compte de la composition et de la valeur alimentaire du fourrage. Ces analyses ont été effectuées sur du fourrage de première coupe, fauché tardivement et obtenu dans un sol moyennement riche en azote (1,13 pour 1,000), très riche en acide phosphorique (2,15 pour 1,000), assez riche en potasse (1,744 pour 1,000), très pauvre en chaux. Afin de faciliter la comparaison avec d'autres variétés en regard des résultats donnés par le Trèfle de Pannonie, nous avons indiqué d'après Wolff les analyses des trèfles les plus cultivés :

### ANALYSE MINÉRALE

(Proportion pour 1,000)

| | Trèfle de Pannonie | Trèfle violet | Trèfle hybride | Trèfle blanc |
|---|---|---|---|---|
| Acide phosphoriq. | 5.79 | 9.66 | 10.09 | 12.69 |
| Potasse.......... | 19.38 | 32.20 | 27.83 | 21.42 |
| Soude........... | 1.6 | 2.03 | 2.95 | 7.30 |
| Chaux........... | 21.39 | 34.74 | 33.98 | 30.16 |
| Magnésie........ | 9 | 10.84 | 12.56 | 9.36 |
| Acide sulfurique.. | 4.9 | 3.22 | 4.35 | 7.46 |
| | — | — | — | — |
| Azote............ | 24 | 14.97 | 18.69 | 17.40 |

Ce tableau montre que le Trèfle de Pannonie est moins exigeant que les trèfles ordinairement cultivés. L'analyse minérale révèle surtout des doses moindres en acide phosphorique et en chaux que pour les trois autres variétés ; les exigences en potasse sont également moins élevées.

Le fourrage analysé ayant été coupé un peu tard était déjà bien lignifié ; d'après les chiffres trouvés, il doit être très riche en silice. Quant à la faible teneur en chaux, elle ne doit pas surprendre, puisque le sol qui a porté les plantes était très pauvre en cet élément.

Ce trèfle joint une autre qualité à celle d'être peu épuisant en éléments minéraux, c'est d'avoir une supériorité marquée au point de vue de la captation de l'azote atmosphérique : alors que les autres trèfles ne contiennent guère en moyenne que 16 pour 1,000 de matières azotées, le Trèfle de Pannonie dose 24 pour 1,000, soit un tiers en plus. Il est vrai qu'il est légèrement velu et que les poils sont considérés aujourd'hui comme des organes d'absorption.

Nous croyons que l'engrais le mieux approprié pour le Trèfle de Pannonie est un mélange de scories de déphosphoration et de kaïnit, mélange qui fournit à la fois, dans des proportions convenables, la chaux, la potasse, l'acide phosphorique et la magnésie.

Quoique n'aimant pas les formules toutes faites, nous indiquons, à titre de renseignement, une formule qui pourrait être employée dans beaucoup de cas, par hectare :

500 à 600 kilog. de scories de déphosphoration (16 à 18 pour 100 de $Ph\,O^5$ et 40 à 45 de CaO).

600 à 800 kilog. de kaïnit (10 à 12 pour 100 de $KO^2H$).

300 kilog. de plâtre.

Cette formule semble tout à fait appropriée pour les terres siliceuses pauvres en chaux. Dans les terres argileuses, riches en potasse et pauvres en chaux, on pourrait réduire la dose de kaïnit à 300 ou 400 kilog., c'est-à-dire employer le mélange suivant : scories, 500 à 600 kilog.; kaïnit, 300 à 400 kilog.; plâtre, 300 kilog.

Enfin, dans les terres réellement calcaires, il faudrait remplacer les scories par le superphosphate et forcer un peu la dose de kaïnit. On pourrait, par exemple, adopter la formule ci-dessous :

Superphosphate de chaux, 500 kilog.; kaïnit, 800 à 900 kilog. par hectare.

Les cendres de bois ou les charrées riches en acide phosphorique, potasse et chaux, donneraient aussi de bons résultats. On en usera chaque fois qu'il sera possible de se les procurer économiquement. Il est bien entendu que les données précédentes n'ont rien d'absolu et que l'analyse chimique du sol seule permettrait de se prononcer sur les doses exactes à employer pour les divers éléments.

Nous avons jugé à propos de ne pas préconiser les engrais azotés. Cependant, si la première année du semis la croissance était chétive, il serait bon, croyons-nous, de répandre à la volée 200 kilog. de nitrate de soude, afin de donner un coup de fouet à la végétation et d'assurer le développement des bactéridies qui travaillent après pour le compte de la plante.

Nous arrivons maintenant à l'examen de la valeur alimentaire du trèfle de Pannonie d'après la moyenne des analyses effectuées à notre laboratoire et à sa comparaison avec celle des autres trèfles d'après les tableaux de Wolff :

## ANALYSE IMMÉDIATE

**(Proportion pour 100)**

| | Trèfle de Pannonie | Trèfle violet en pleine floraison | Trèfle hybr. en pleine floraison | Trèfle blanc en pleine floraison |
|---|---|---|---|---|
| Eau | 75.160 | 80.4 | 82 | 80.5 |
| Matières azotées | 3.726 | 3.0 | 3.3 | 3.5 |
| — grasses | 0.342 | 0.6 | 0.6 | 0.8 |
| — minérales | 2.198 | 1.3 | 1.8 | 2.0 |
| — cellulosiques | 7.923 | 5.8 | 6.0 | 6.0 |
| — hydrocarbonées restantes (ou extractifs non azotés) pour 100 | 10.651 | 8.9 | 6.3 | 7.2 |
| | 100.000 | 100.00 | 100.00 | 100.00 |
| Relation nutritive complète | $\frac{1}{5.08}$ | $\frac{1}{5.1}$ | $\frac{1}{4.3}$ | $\frac{1}{4}$ |
| — — ordinaire | $\frac{1}{2.95}$ | $\frac{1}{3.16}$ | $\frac{1}{2.09}$ | $\frac{1}{2.28}$ |
| — adipo-protéique | $\frac{1}{10.89}$ | $\frac{1}{5}$ | $\frac{1}{5.5}$ | $\frac{1}{4.375}$ |

On voit que les deux relations nutritives se rapprochent beaucoup de celle du trèfle rouge ordinaire, seule la relation adipo-protéïque laisse à désirer. Si le trèfle de Pannonie devait servir à l'engraissement des animaux, il suffirait d'ajouter à la ration des tourteaux qui viendraient modifier avantageusement cette dernière. Coupé plus jeune, le fourrage eût accusé une teneur plus élevée en matières grasses. Pour terminer, nous dirons que par sa structure un peu ligneuse, le trèfle perpétuel de Pannonie convient tout particulièrement aux chevaux et aux bœufs de travail qui s'accommodent mieux des fourrages un peu croquants. Il conviendrait également aux vaches laitières, mais il serait préférable de le donner en vert ou de le couper plus jeune.

Il est certain que tant que la culture du trèfle Pannonien sera limitée, le semis sera coûteux, mais qu'ensuite le cours de la graine sera identique à celui des autres trèfles. Quand il s'agit de grandes parcelles, on sème le trèfle Pannonien dans une céréale, ainsi que cela a lieu pour le trèfle violet, mais à la condition que le sol soit très propre. Malgré cela, après la récolte de la céréale, le trèfle n'est pas aussi beau que s'il avait été semé seul. Si l'on veut récolter la graine, il faut la prendre sur la première coupe, parce que celle de la deuxième coupe ne mûrirait pas dans la plupart des climats. La récolte se fait comme pour le trèfle violet et donne un rendement d'environ 120 kilos de graine par hectare.

Le trèfle Pannonien supporte très bien les hivers rigoureux, même à l'altitude de 1800 mètres au-dessus du niveau de la mer, altitude à laquelle le Docteur Stebler l'a expérimenté au champ d'essais, de la Furstenalp, dans le canton des Grisons, où il a bien résisté. Mais nous insistons encore à ce sujet, que le trèfle Pannonien demande un sol fertile et des soins pendant la première année. Celui qui ne dispose pas d'un bon terrain et manque de temps pour donner les soins nécessaires pendant la première année, n'obtiendra pas les résultats désirés.

Enfin, nous dirons que des champs de trèfle de Pannonie existent dans nos cultures de Carignan, et que nous engageons vivement les personnes que les progrès de la culture fourragère intéressent à venir les visiter.

*Poids de l'hectolitre : 80 kilos. Quantité à semer à l'hectare : 30 kilos.*

II

# UN SARRASIN NOUVEAU

## Sarrasin du Japon, Sarrasin du Népaul Sarrasin émarginé géant.

Des essais comparatifs entre les sarrasins cultivés dans nos champs d'essais, ont attiré notre attention sur une variété remarquable qui se distinguait au milieu des autres par sa taille élevée, sa grande vigueur et sa croissance rapide.

Quoique originaire, croyons-nous, du Népaul, royaume situé sur les Monts Himalayas, au nord de l'Hindoustan, cette variété commence à se répandre en Amérique sous le nom de sarrasin du Japon. La plante étant à peine connue en France, nous allons en faire une description que la figure ci-contre aidera à mieux comprendre.

Les tiges sont très grosses, hautes de $0^m80$ à $1^m$ dans les sols de fertilité moyenne et de $1^m20$ à $1^m30$ dans les bons sols, les nœuds sont peu accusés, l'ochrea est assez développé, la feuille est sagittée, assez accuninée à la partie supérieure. Les inflorescences assez longuement pédonculées partent de l'aisselle de chaque feuille à part l'inflorescence terminale qui est très ramifiée et

**Sarrasin** dit **du Japon**. 1, sommité fleurie ; — 2, graine vue de profil ; — 3, graine avec son calice ; — 4, graine vue en dessus ; — 5 et 6, coupes de la graine montrant l'embryon ; — 7, pistil avec grains de pollen appliqués dessus ; — 8, étamine ; — 9, fleur avec coupe des étamines et de l'ovaire ; — 10, vue d'une fleur entière ; — 11, tige entière du sarrasin.

simule un corymbe. Le calice a cinq divisions colorées, légèrement verdâtres à la base et blanches pour le reste, il persiste assez longtemps après la fécondation. Les étamines au nombre de 8 et très rarement de 7, naissent sur le calice par dessous les glandes nectaires, également au nombre de huit, très développées et ellipsoïdales. Le fruit est trigone, un peu plus long que large, à angles bien accusés et à faces bombées dans leur milieu. L'albumen est farineux, l'enveloppe, très développée dans le jeune âge, est en forme d'S irrégulier. Les styles sont accrescents, soudés à la base et au nombre de 3; dans certaines inflorescences, le style est très court et à peine visible ; dans d'autres, il est moyennement développé, enfin quelquefois il dépasse les étamines.

Le grain, d'un brun assez foncé à la maturité, est beaucoup plus gros que celui du sarrasin commun; il y a environ 34.660 grains par kilo, et 1.000 grains pèsent 29 grammes 166, tandis que dans le sarrasin commun le nombre de grains par kilo est d'environ 56.200 et le poids de 1.000 grains de 17 grammes 151. L'hectolitre de grains pèse 66 kilos.

En sol d'assez bonne qualité, le rendement moyen par hectare a été de 31.410 kilos en vert et de 8.600 kilos en sec.

Ce rendement supérieur de plus d'un tiers à celui du sarrasin ordinaire semblera élevé, il peut cependant être encore beaucoup surpassé dans un sol fertile. C'est pourquoi nous considérons que ce sarrasin doit être propagé et qu'il sera surtout précieux comme plante fourragère à végétation rapide destinée à être consommée en vert ou enfouie comme engrais.

Les résultats suivants de l'analyse opérée à notre laboratoire montrent sa haute teneur en éléments hydrocarbonés, lesquels peuvent remplacer les matières grasses dans une certaine mesure et lui donner une grande valeur comme aliment respiratoire.

**Analyse immédiate de la matière desséchée à 100°**

| | | |
|---|---|---|
| Matières azotées | 10.125 | p. % |
| — grasses | 2.560 | |
| — minérales | 8.080 | |
| — cellulosiques | 22.370 | |
| — hydrocarbonées | 56.865 | |
| | 100 » | |

| | |
|---|---|
| Relation nutritive ordinaire | $\frac{1}{5.87}$ |
| — — complète | $\frac{1}{8.18}$ |
| — adipo-protéïque | $\frac{1}{3.95}$ |

On remarquera que la valeur alimentaire est légèrement moindre que celle du sarrasin ordinaire, mais que cette petite différence est largement compensée par le supplément de rendement.

Si nous passons à l'analyse minérale, nous observerons la composition ci-dessous :

| | | |
|---|---|---|
| Acide phosphorique | 8.49 | p. % |
| Potasse | 27.157 | |
| Soude | 1.790 | |
| Chaux | 25.79 | |
| Magnésie | 3.62 | |
| Acide sulfurique | 2.05 | |

D'après ces résultats, nous voyons que la dominante du sarrasin est la potasse et que, comparativement aux autres fourrages, il est très riche en acide phosphorique et en chaux. C'est donc une variété à employer de préférence sur les terres suffisamment fertiles.

Nous conseillons de lui appliquer les scories de déphosphoration à haute dose en terrain granitique et en terrain calcaire de forcer la dose en engrais potassiques.

Enfin dans l'un et l'autre cas, il va sans dire que le sol devra être assez riche en azote, sinon il sera nécessaire d'avoir également recours aux engrais azotés.

# III

# LUZERNES NOUVELLES POUR SOLS PAUVRES

## Luzerne rustique (Medicago media)

## Luzerne faucille (Medicago falcata)

Pendant ces dernières années, l'attention a été appelée sur deux nouvelles variétés de luzerne destinées non à se substituer à la luzerne cultivée (Medicago sativa), mais à être utilisées dans des sols ingrats ne pouvant convenir à cette dernière. Ces deux variétés sont la luzerne faucille (Medicago falcata) et la luzerne intermédiaire (Médicago média, Medicago falcato-sativa).

La luzerne faucille, appelée quelquefois luzerne jaune, luzerne sauvage, luzerne de Suède (L), a des tiges de 6 à 8 décimètres, d'abord couchées à la base, puis relevées. Les feuilles trifoliées sont composées de folioles très étroites, oblongues et mucronées ; les stipules sont assez longues et lancéolées. Les fleurs sont en grappes multiflores, portées par d'assez longs pédoncules ; elles sont jaunes, avec un pédicelle court égal au calice. La gousse qui succède à la fleur est polysperme et falciforme, c'est-à-dire en forme de faucille et quelque peu contournée. Quelquefois cette gousse fait un tour de spire complet ; c'est qu'alors elle s'est quelque peu hybridée avec la luzerne intermédiaire ou la luzerne cultivée.

La luzerne intermédiaire, désignée fréquemment sous le nom de luzerne rustique, est très voisine de la précédente. Elle en diffère par une taille plus forte, des feuilles un peu plus amples et des fleurs d'un jaune violet.

Contrairement à certains auteurs, nous considérons la luzerne intermédiaire comme un hybride et voici pourquoi : On la rencontre très rarement seule, elle accompagne toujours la luzerne faucille, végétant soit à proximité d'une luzerne cultivée soit à un endroit voisin de celui où cette dernière se trouvait antérieurement. Il nous est arrivé très souvent de trouver les trois espèces réunies avec tous leurs hybrides et tous leurs intermédiaires. Parmi les fleurs, les unes étaient franchement jaunes, les autres franchement violettes, d'autres avec prédominance de violet ou de jaune, d'autres enfin avec des teintes indécises et intermédiaires ; il en était de même pour les fruits, les uns faisaient un demi-tour de spire (falcata), les autres un tour complet (media), tandis que dans la luzerne cultivée, il y a 2 à 3 tours. En examinant de plus près, nous avons trouvé tous les indices pour les relier entre elles.

Ces deux espèces de luzerne sont vivaces. Leur grand mérite est de prospérer là où la luzerne cultivée ne réussirait certainement pas, d'être très rustiques et de permettre de tirer parti de mauvais sols, sur lesquels peu de légumineuses résisteraient. Elles se plairaient bien sur les coteaux secs, siliceux et calcaires ; elles seraient susceptibles de donner de bons pâturages à moutons sur les terrains provenant de la désagrégation du calcaire sableux ou dans les sables calcaires de la Champagne.

La luzerne intermédiaire produit plus que la luzerne faucille et s'accommode d'une certaine proportion d'argile, mais quoique satisfaisant le rendement de ces deux variétés est inférieur à celui de la luzerne cultivée.

Toutes deux sont très recherchées par le bétail, au point de vue alimentaire, elles valent d'ailleurs la luzerne cultivée, ainsi que le montre l'analyse élémentaire suivante effectuée (1) à notre laboratoire.

| NOMS DES ESPÈCES | Matières azotées | Matières grasses | Matières cellulosiques | Matières minérales | Matières hydrocarbonées |
|---|---|---|---|---|---|
| Luzerne faucille.. | 17.62 | 2.20 | 25.20 | 8.04 | 46.94 |
| Luzerne intermédiaire | 17.31 | 2.02 | 26.26 | 8.56 | 45.85 |
| Luzerne cultivée.. *(d'après Wolff)*. | 17.30 | 3.07 | 36.53 | 7.69 | 35.38 |

Il existe des différences assez prononcées dans le dosage de la cellulose, nous pensons que cela tient à des maturités différentes.

Mais c'est surtout l'analyse minérale des cendres qui est très intéressante ; elle nous montre que des trois variétés, c'est la luzerne faucille qui est la moins exigeante ; sa teneur en acide phosphorique est trois fois moins élevée que celle de la luzerne ordinaire, sa teneur en potasse est moitié moindre.

D'un autre côté, la luzerne intermédiaire ne contient guère non plus dans ses cendres qu'une

(1) Analyse opérée sur fourrage desséché à 100°.

proportion d'acide phosphorique égale à la moitié de celle de la luzerne cultivée et enfin toutes deux veulent beaucoup moins d'acide sulfurique que cette dernière.

La lecture du tableau ci-dessous renseignera d'ailleurs à ce sujet.

| Eléments des cendres %. | Luzerne intermédiaire | Luzerne faucille | Luzerne cultivée (d'apr. Wolff) |
|---|---|---|---|
| Acide phosphorique. | 4.25 | 2.69 | 8.11 |
| Potasse. . . . . . . . . . . . | 21.55 | 12.30 | 24.35 |
| Soude. . . . . . . . . . . . | 0.52 | 1.71 | 1.66 |
| Chaux . . . . . . . . . . . . | 33 | 34.20 | 38.77 |
| Magnésie. . . . . . . . . . | 0.72 | Traces | 4.66 |
| Acide sulfurique. . . . | 2.19 | 2.40 | 5.44 |

Il est donc certain que la luzerne intermédiaire, de même que la luzerne faucille, sont des plantes fourragères précieuses, la dernière espèce surtout est à même de rendre de grands services en terrains siliceux, ainsi que dans certaines contrées déshéritées, à terrains secs et à coteaux dénudés. — *Ce sont les luzernes des sols pauvres.*

## IV

### *UN TRÈFLE D'OMBRE :*

# TRÈFLE INTERMÉDIAIRE

Ce trèfle n'est pas appelé à remplacer l'une des bonnes espèces ordinairement cultivées, car, placé dans les mêmes conditions que ces dernières, il leur serait inférieur. Par contre, il a un mérite très rare et très important qui le distingue des autres trèfles comme de la généralité des légumineuses, *c'est de pouvoir végéter à l'ombre.*

La liste est courte des plantes fourragères susceptibles de vivre dans ces conditions. Dans notre contrée, nous ne pouvons guère citer que le Paturin des bois, la Fétuque hétérophylle, la Fétuque élevée, la Canche flexueuse, le Brôme rude, la Mélique uniflore, le Brachypode des forêts, parmi les graminées ; la Gesse des bois, le Grand Mélilot, l'Orobe noir, l'Orobe tubéreux, parmi les légumineuses ; enfin, à cette liste, on pourrait ajouter plusieurs luzules et le genêt ; mais on remarquera que, dans le nombre restreint de plantes que nous venons de citer, ce sont les espèces de valeur fourragère médiocre qui dominent.

A ces plantes d'ombre vient s'ajouter le trèfle intermédiaire *(trifolium medium)* et il mérite certainement la place d'honneur parmi elles, tant par son peu d'exigence et sa rusticité, que par la qualité de son fourrage et sa faculté de se propager rapidement par racines traçantes souterraines qui émettent de nouvelles tiges. Ces tiges, groupées, forment de véritables taches qui

**Trèfle intermédiaire**
*(Trifolium medium).*

augmentent chaque année et finissent par prendre possession de la majeure partie du terrain.

Le trèfle intermédiaire est une légumineuse vivace, un peu tardive en raison de son habitat préféré à l'ombre, dans les bois qui ne sont pas trop fournis, dans les clairières, sur la lisière nord des bois. On voit que les stations où on le trouve sont de précieuses indications pour déterminer les endroits où on peut l'employer. Il fleurit de juillet à septembre. Ses tiges flexueuses sont un peu couchées à la base et ramifiées au sommet : elles donnent naissance à des capitules terminaux ovoïdes et ordinairement pédonculés. Les fleurs sont grandes et purpurines. Malgré son nom de trèfle intermédiaire, ce n'est pas un hybride ; il joue cependant quelquefois ce rôle avec le trèfle violet. C'est une espèce stable, beaucoup plus fixe que la luzerne intermédiaire, par exemple, que nous avons signalée précédemment. Ce trèfle présente des folioles elliptiques finement dentelées sur les bords et très légèrement pubescentes en dessous. Les nervures de ces folioles sont plus pâles et bien apparentes. Les stipules sont moyennement développées ; leur partie libre est une pointe longue, effilée, simulant une petite lancette. La hauteur varie de 30 à 60 centimètres et même plus, selon le milieu dans lequel il végète.

Ainsi que nous l'avons dit, le trèfle intermédiaire dure très longtemps, peut se propager par graines et par racines, de plus il repousse assez vite sous la dent des animaux et il est consommé très volontiers par eux.

Au point de vue alimentaire, il ne le cède en rien à la plupart des trèfles cultivés : voici d'ailleurs les résultats de l'analyse immédiate, opérée à notre laboratoire, sur du fourrage desséché à 100° :

| | | |
|---|---|---|
| Matières azotées | 16.06 | p. °/° |
| — grasses | 2.76 | |
| — cellulosiques | 24.35 | |
| — minérales | 8.48 | |
| — hydrocarbonées | 48.35 | |
| | 100 » | |

Mais il est un autre point qui mérite d'être signalé, c'est la question des exigences de ce trèfle. Il est surtout avide de sels alcalins et alcalino-terreux, la chaux entre en grande proportion dans ses cendres, tandis qu'au contraire il semble demander moins d'acide phosphorique que ses congénères, ainsi que le prouve l'analyse suivante de ses cendres :

| | | |
|---|---|---|
| Acide phosphorique .. | 3.74 | p. % de cendres. |
| Potasse.............. | 18.39 | — |
| Soude................ | 4.50 | — |
| Chaux................ | 44.12 | — |
| Magnésie............. | 1.35 | — |
| Acide sulfurique..... | 3.06 | — |

La semence est plus grosse que celle du trèfle violet ; sa teinte est d'un jaune clair uniforme qui rappelle celle de la luzerne lupuline (minette). Elle a 98.60 p. % de pureté, 91 p. % de germination et 89.72 p. % de valeur culturale. L'hectolitre pèse 80 kilos, il y a en moyenne 436.500 grains par kilo. 1,000 grains pèsent 2 gr 287.

En résumé, quoique le trèfle intermédiaire puisse aussi végéter en pleine lumière aux mêmes expositions que les autres trèfles, c'est avant tout une espèce précieuse pour cultiver à l'ombre, c'est à notre avis son mérite principal et c'est à ce titre que nous le préconisons.

# V

## UN NOUVEAU FOURRAGE VERT :

# LE SORGHO A ÉPI

En 1894, pendant le cours d'un voyage en Tunisie, nous avons eu plusieurs fois l'occasion d'apprécier les mérites du Sorgho à épi (*Penicellaria spicata, holcus spicatus*), appelé Dhràa par les Arabes et qui porte aussi les noms vulgaires de Couscous, Millet perle, Millet à chandelle, Bechna tunisien, Petit Mil d'Afrique.

Cette graminée n'étant guère cultivée que dans les pays très chauds, tels que le Sénégal, le Soudan, l'Algérie, la Tunisie, l'Egypte et l'Arabie, il était intéressant de connaître comment elle se comporterait dans notre pays. C'est ce qui nous a décidé à faire effectuer des essais dans le Midi de la France et à en opérer dans le Nord-Est. Les résultats de ces essais culturaux démontrèrent que le Sorgho à épi est une plante vigoureuse, à végétation rapide, qui peut être cultivée dans les pays tempérés, aussi bien que dans les pays chauds ; de plus, c'est une espèce extrêmement résistante à la sécheresse, qui serait susceptible de rendre de grands services, si une pénurie de

**Sorgho à épi**

*(Penicellaria spicata — Holcus spicatus).*

fourrage semblable à celle causée par la désastreuse sécheresse de 1893 survenait encore.

Le Sorgho à épi est très précoce. Dans le sud de l'Algérie et de la Tunisie, il donne en un mois une tige bien feuillée, bonne à être coupée; dans la partie nord, ce résultat n'est atteint qu'en 45 jours.

En France, il est moins hâtif; semé au début de mai, le fourrage n'est bon à couper qu'à la fin de juin ou en juillet. A cette époque, il atteint 1 mètre à 1 m 20 et n'a pas encore épié, c'est alors qu'il est le plus tendre, le plus juteux et le plus nutritif. Si l'on retardait la coupe, le fourrage atteindrait 1 m 80 et même plus, mais il serait alors trop dur et trop ligneux pour être utilisé avantageusement par les animaux. D'ailleurs, en coupant de bonne heure en terre fertile, on peut compter sur une repousse donnant une quantité de produit vert, à peu près égale à la moitié de la première coupe. Cette nouvelle quantité de fourrage compense largement ce que l'on pourrait perdre sur le premier fauchage. Sur bon sol irrigué, en climat chaud, on peut obtenir jusqu'à cinq coupes.

Il faut la chaleur du sud algérien ou tunisien pour permettre la maturation de la graine, mais c'est un faible inconvénient de ne pouvoir produire la semence dans notre pays, car le prix de cette dernière est toujours très peu élevé.

Le Sorgho à épi est une plante annuelle à racines fibreuses, à chaume dressé, légèrement aplati dans sa partie inférieure et cylindrique supérieurement. Ce chaume n'est pas fistuleux comme dans nos céréales, il est rempli de moelle ; de plus, il présente (recouverte par la partie engaînante de la feuille), une rainure longitudinale logeant un embryon de rameau. Les articulations de la base sont coudées, les supérieures ne le sont pas, mais elles sont très velues ; les oreillettes sont nulles, la ligule est petite, mais longuement et finement ciliée.

La partie de la tige sous l'épi est très velue, et il en est de même des feuilles (principalement celles supérieures) et surtout dans leurs parties libres.

Les fleurs forment une panicule spiciforme très fournie, légèrement amincie aux deux extrémités. A première vue, les fleurs semblent sessiles, mais elles sont portées par un pédoncule assez long, tandis que les pédicelles, au contraire, sont brefs ou nuls. Ces pédoncules, très velus, sont toujours relevés contre l'axe, ils portent deux fleurs fertiles, lesquelles sont entourées de bractées filiformes simulant une collerette. Les glumes et surtout les glumelles sont également très velues.

Le caryopse est glabre, libre ; il rappelle vaguement la forme d'une poire ayant la pointe dirigée vers la partie inférieure, tandis que de la partie supérieure sortent des glumes et des glumelles. Cependant, un des côtés du grain est légèrement aplati et canaliculé du côté où il touche à son voisin. Enfin, l'albumen est farineux.

Cette description botanique paraîtra peut-être trop longue ; cependant, comme à notre connaissance elle n'existe pas dans les flores françaises, nous avons pensé qu'il était utile de ne pas l'abréger.

L'analyse élémentaire effectuée dans notre laboratoire sur du fourrage desséché à 100° qui commençait à épier, montre qu'il faut attribuer au Sorgho à épi une valeur bien supérieure à celle de fourrages similaires, du Maïs géant caragua ou dent de cheval, par exemple. Les trois analyses comparées ci-dessous en diront plus long que tout commentaire :

| | Maïs Caragua ou Dent de cheval | Maïs ordinaire (d'après Wolff) | Sorgho à épi |
|---|---|---|---|
| Matières azotées....... | 3.86 | 7.63 | 12.50 |
| — grasses....... | 0.40 | 7.05 | 2.16 |
| — cellulosiques... | 58.65 | 51.58 | 27.22 |
| — amylacées et autres | 33.85 | 30.22 | 8.38 |
| — minérales..... | 3.09 | 3.52 | 49.74 |
| | 100.00 | 100.00 | 100.00 |

Ce fourrage est bien goûté des bovidés et des équidés lorsqu'il est coupé assez jeune, car lorsqu'on le laisse vieillir, il se lignifie trop et ne donne qu'un fourrage dur et grossier.

D'autre part, l'analyse minérale des cendres montre les exigences de la plante :

| | |
|---|---|
| Acide phosphorique......... | 6.03 p. % |
| Potasse.................... | 39.188 |
| Soude...................... | 1.75 |
| Chaux...................... | 16.60 |
| Magnésie................... | 1.624 |
| Acide sulfurique............ | 4.32 |

On voit donc que le Sorgho à épi est surtout exigeant en potasse et réclame assez d'acide phosphorique. Si le phosphate de potasse se trouvait couramment dans le commerce, on devrait lui donner la préférence, mais un mélange judicieux de chlorure de potassium et de superphosphate peut le remplacer économiquement.

La semence pèse 81 kil. 500 l'hectolitre, il y a 105,600 grains par kilogr., 1,000 grains pèsent 9 gr. 2 décigrammes.

On sème 10 à 12 kilogr. par hectare.

Nous terminerons en concluant que c'est surtout comme fourrage vert pour nos possessions africaines, comme fourrage complémentaire pour la France méridionale et comme plante précieuse en cas de disette de fourrage dans la France septentrionale, que nous préconisons cette nouvelle plante fourragère.

# VI

# LA PHACÉLIE A FEUILLE DE TANAISIE

## (Phacélia tanacetifolia)

La Phacélie est une jolie plante mellifère qui, dans certains cas, peut aussi être utilisée avantageusement comme plante fourragère, mais de préférence à l'état vert. Elle est rameuse ; sa partie supérieure est terminée par des cymes scorpioïdes rappelant celles du myosotis.

Les fleurs, d'un bleu clair, sont assez longuement tubulées, c'est ce qui empêche parfois les abeilles d'atteindre facilement le fond de la corolle. — Les tiges sont creuses, vigoureuses, et atteignent facilement $0^{m}55$ à $0^{m}65$.

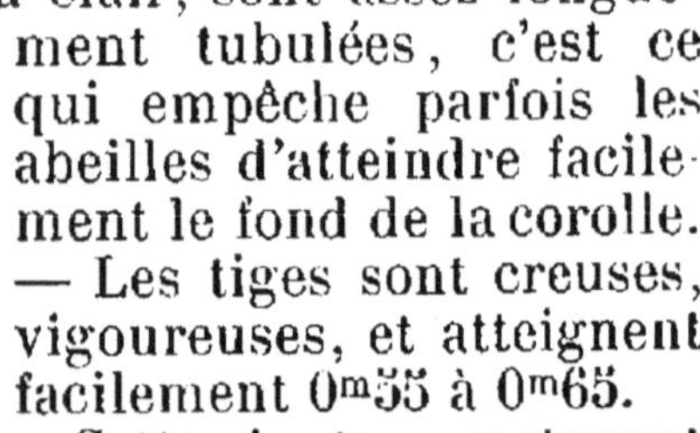

Cette plante appartenant à la famille des Hydrophyllées, laquelle a un air de parenté avec les Borraginées, est originaire de l'Amérique du Nord. Elle a été introduite chez nous à titre ornemental, expérimentée ensuite avec un succès complet comme plante mellifère ; puis, pendant ces derniers temps, l'attention a été attirée sur elle par suite de sa résistance à la sécheresse, sa croissance très rapide et, enfin, par l'abondance de son fourrage.

Les semis peuvent s'effectuer soit à l'automne, soit de mars en août, la végétation rapide de la plante permettant d'échelonner les récoltes jusqu'à l'époque des froids. — Lorsque la Phacélie est destinée à être utilisée comme fourrage, le fauchage doit être opéré avant la floraison, c'est-à-dire environ six semaines après le semis ; lorsque, au contraire, elle est destinée à être enfouie comme engrais vert, on attend qu'elle soit complètement développée avant de la retourner.

L'analyse que nous avons faite sur du fourrage desséché à 100° nous a donné les résultats suivants :

| | |
|---|---|
| Matières azotées.... .... | 18.000 p. % |
| — grasses ......... | 2.780 |
| — cellulosiques. ... | 21.600 |
| — minérales....... | 20.050 |
| — hydrocarbonées.. | 37.566 |
| | 100 » |

Ces chiffres montrent que la Phacélie est assurément un bon fourrage, d'une composition égale, sinon supérieure, à celle du foin de prairie. Coupée de bonne heure, elle est rapidement acceptée par les animaux.

D'un autre côté, d'après les essais faits sur un espace restreint dans nos champs d'expériences, son rendement a été considérable en vert (46,000 kilos à l'hectare) ; mais, par suite de la forte proportion d'eau contenue (89.496 p. %), cette quantité s'est abaissée, par le fanage, c'est-à-dire par une simple dessiccation à l'air, à 6,150 kilos.

Cette grande proportion d'eau diminue donc sensiblement la valeur nutritive du fourrage vert.

Nous ajouterons que les rendements précédents ont été obtenus sur des surfaces trop petites pour servir de base sérieuse, aussi ne les considérons-nous que comme de simples approximations, en attendant les expériences qui seront effectuées sur une plus grande échelle et en sols différents.

Comme plante mellifère, la Phacélie a des qualités de premier ordre. Celle de nos champs d'expériences était constamment visitée par un grand nombre d'abeilles qui délaissaient les autres espèces pour séjourner sur leur plante de prédilection.

L'analyse minérale a donné les proportions suivantes :

| | |
|---|---|
| Acide phosphorique...... | 4.835 p. °/₀ |
| Potasse.................... | 26.137 |
| Soude.................... | 0.253 |
| Chaux.................... | 21.614 |
| Magnésie................ | 4.500 |

Par suite de ses exigences en chaux et potasse, elle devrait surtout réussir dans les sols provenant de roches jurassiques qui contiennent ces deux bases.

*L'hectolitre de graine pèse 9 kos 250 ; il y a environ 526,315 grains au kilo ; mille grains pèsent 1gr 9.*

*On sème quinze kilos à l'hectare.*

VII

# TRÈFLE D'ALEXANDRIE

## (Trifolium Alexandrinum)

Le trèfle d'Alexandrie est une espèce dont il a été plusieurs fois question depuis deux ans, et ce sont les éloges faits par divers journaux agricoles qui nous ont engagés à l'expérimenter. Cette année-ci, dans nos champs d'expériences, il a donné des résultats assez satisfaisants, aussi nous proposons-nous d'en poursuivre la culture pendant quelques années, afin d'être bien fixés à son sujet et de déterminer si ce n'est réellement que dans les pays chauds qu'il est susceptible d'être avantageusement cultivé.

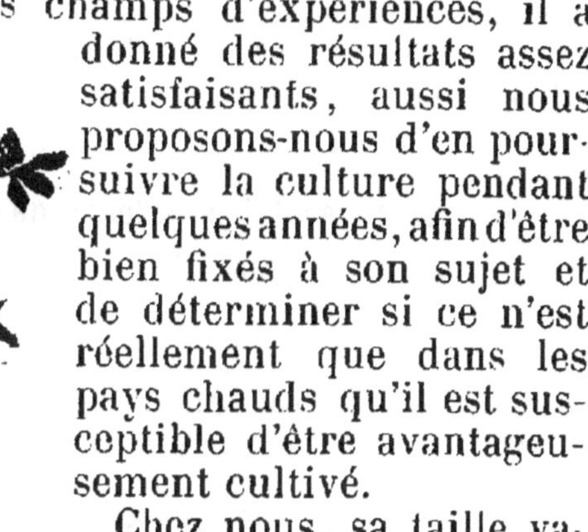

Chez nous, sa taille variait entre 0m50 et 0m60, mais, dans les contrées baignées par la Méditerranée, et surtout en Egypte, son pays d'origine, il atteint des dimensions beaucoup plus grandes.

Il donne un fourrage magnifique, à fleurs jaunâtres rappelant celles du trèfle des montagnes. Ses ramifications sont peu nombreuses (quatre à cinq principales); il n'est pas très garni de feuilles. Malgré cela, ses rendements ont été très élevés sous notre climat : en une seule coupe, il nous a donné un rendement vert de 21,500 kilos à l'hectare; mais, nous le répétons, on ne peut prendre comme base la production d'une seule année d'essai. Il est probable que dans les pays méridionaux, où sa végétation est plus luxuriante, il donnerait une plus grande quantité de fourrage, et comme dans ces contrées le trèfle violet ordinaire ne vient pas bien, le trèfle d'Alexandrie semble tout indiqué pour lui suppléer. C'est donc surtout aux agriculteurs du midi de l'Europe et du nord de l'Afrique que nous signalons ce trèfle, c'est à eux que nous recommandons d'entreprendre à son sujet des essais culturaux.

Les analyses du trèfle d'Alexandrie nous ont donné les résultats suivants :

**Analyse élémentaire du fourrage desséché à 100°.**

| | | |
|---|---|---|
| Matières azotées | 17.81 | p. °/o |
| — grasses | 2.42 | |
| — cellulosiques | 28.38 | |
| — minérales | 11.36 | |
| — hydrocarbonées | 37.03 | |

**Analyse des cendres.**

| | | |
|---|---|---|
| Acide phosphorique | 4.28 | p. °/o |
| Potasse | 26.95 | |
| Chaux | 18.75 | |
| Magnésie | Traces | |
| Soude | 0.370 | |

La semence a une grosseur et une teinte voisines de celle du trèfle incarnat hâtif. Elle pèse 80 kilos l'hectolitre ; 1,000 grains pèsent 3gr2 ; il y a environ 35,500 grains par kilo. Sa pureté est de 99 p. °/o, sa germination de 91 p. °/o et, par suite, elle a 90.09 p. °/o de valeur culturale.

*On emploie 25 kilos de semence par hectare.*

# VIII

# BETTERAVE ROSE DES ARDENNES

La Betterave rose des Ardennes est une *betterave fourragère* de premier ordre, tant au point de vue du rendement que de la valeur alimentaire et de la longue conservation. Des expériences comparatives faites pendant plusieurs années nous permettent d'affirmer que cette nouvelle betterave est appelée à prendre rang parmi les meilleures variétés fourragères.

Elle est issûe de l'ancienne betterave cultivée pour les sucreries, lorsque les ventes se faisaient au poids. Depuis cette époque, qui semble éloignée lorsqu'on considère les progrès accomplis, cette betterave a été sélectionnée en visant à l'obtention des qualités suivantes : richesse alimentaire, augmentation de volume, forme régulière, arrachage facile, longue conservation. De plus, ces qualités étant atteintes, on s'est attaché à fixer complètement la variété, et c'est maintenant un résultat atteint.

Cette variété est aussi grosse que la betterave jaune géante de Vauriac ; on serait même tenté, pour la définir, de dire que c'est une Vauriac rose. La partie en terre est cependant plus renflée et le pivot plus dévié que chez la Vauriac. Elle sort plus de moitié hors terre ; toute la partie enterrée est d'un beau rose s'accentuant en s'éloignant du

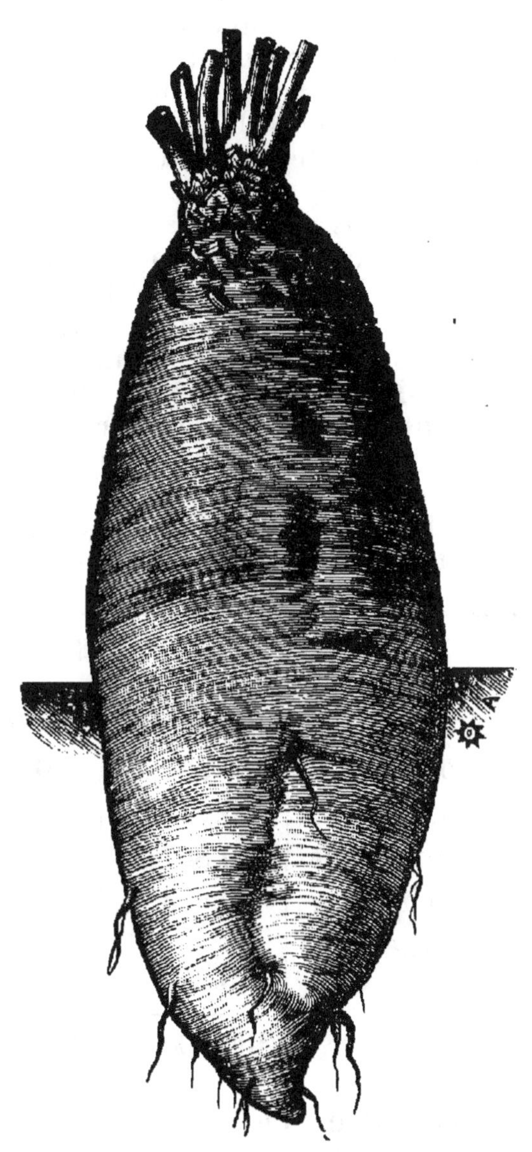

Betterave rose des Ardennes.

pivot pour arriver graduellement au gris verdâtre au collet. La chair est blanche, très juteuse, et présente des zones concentriques assez larges mais peu accentuées ; les feuilles sont amples, très fournies, légèrement cloquées. Enfin, un des grands mérites de cette betterave est sa longue conservation, car, avec quelque peu de soin, *on la garde jusqu'au mois de juillet.*

Des analyses effectuées dans nos laboratoires, il résulte que la betterave rose des Ardennes équivaut aux meilleures variétés, telles que la jaune ovoïde des Barres ou la jaune géante de Vauriac. Mais si nous établissons une comparaison, au point de vue alimentaire, avec une variété à peau rose, la Mammouth par exemple, nous voyons que la betterave des Ardennes a l'avantage sur tous les points, ainsi qu'on peut le constater par le tableau suivant :

| | Rose Mammouth | Rose des Ardennes |
|---|---|---|
| Eau................ | 92.000 % | 90.93 % |
| Matières azotées...... | 0.985 | 0.998 |
| — grasses...... | 0.0272 | 0.031 |
| — cellulosiques | 0.867 | 1.246 |
| — minérales... | 0.873 | 1.086 |
| — extractives non azotées...... | 5.247 | 5.709 |
| | 100.000 % | 100.000 % |

L'analyse minérale que nous donnons ici ne nous apprend rien de bien particulier, elle nous montre seulement ce que tout le monde suppose, c'est que les cendres de cette betterave renferment moitié de leur poids de potasse.

**Analyse minérale.**

| | |
|---|---|
| Acide phosphorique....... | 5.78 p. °/o |
| Potasse.................. | 28.374 |
| Soude.................... | 10.125 |
| Chaux.................... | 2.793 |
| Magnésie................. | 0.490 |

La graine récoltée en 1895 a donné les résultats ci-dessous :

| | |
|---|---|
| Pureté.......................... | 98.70 p. °/o |
| Poids moyen de 1,000 glomérules. | 23gr 262 |
| Nombre de fruits germés (après 14 jours).................... | 91' p. °/o |
| Valeur culturale................ | 89.81 p. °/o |
| Nombre de glomérules germant par kilogramme................ | 38,610 |
| Eau............................. | 12.40 p.°/o. |

*La quantité de graine à semer par hectare est la même que pour toutes les betteraves fourragères.*

# IX

# CAROTTE DES ARDENNES

## CAROTTE ROUGE LONGUE OBTUSE SANS CŒUR

Cette espèce est parfaitement distincte de la carotte rouge longue obtuse du commerce. Autrefois, on ne la cultivait que dans les environs de Sedan ; depuis que nous l'avons fait connaître, sa culture prend une très grande extension. Les mérites de la carotte des Ardennes justifient d'ailleurs sa vogue croissante, car on peut aussi bien la classer parmi les meilleures variétés potagères que dans celles de la grande culture.

Carotte rouge des Ardennes.

Son rendement est voisin de celui de la carotte fourragère rouge longue à collet vert ; il surpasse ceux des carottes rouges longues de St-Valéry et d'Altringham, qui sont estimées comme carottes semi-fourragères. — Ainsi que nous venons de le dire, elle peut être cultivée à deux fins, car, outre son emploi agricole, c'est une des espèces maraîchères les plus recommandables pour la grande production et en particulier pour l'approvisionnement des centres populeux, des casernes, des pensionnats.

La racine est d'un beau rouge vif, longue d'environ 25 centimètres, lisse et sans cœur. Sa grosseur diminue insensiblement du collet jusqu'à l'autre extrémité qui se termine brusquement en forme arrondie qui a fait donner à la carotte la désignation d'obtuse.

Quoique moins productive que les espèces blanches à collet vert, d'Orthe et des Vosges, la carotte des Ardennes mériterait de leur être préférée dans les bons sols où elle leur est certainement supérieure par la qualité, la sapidité et l'arôme. Or, on n'ignore pas que la saveur particulière des aliments influe beaucoup sur la digestibilité tout en excitant l'appétit.

Voici d'ailleurs, à titre de renseignements, l'analyse élémentaire de cette racine :

| | |
|---|---|
| Eau | 86.60 p. % |
| Matières azotées | 1.03 |
| — grasses | 0.096 |
| — cellulosiques | 1.128 |
| — minérales | 0.828 |
| — extractives non azotées | 10.318 |
| | 100 » |

La valeur alimentaire de cette carotte est donc supérieure à celle des espèces fourragères les plus répandues, telles que la carotte à collet vert ; de plus, elle surpasse celle d'excellentes espèces potagères telles que les demi-longues Nantaises et les Guérande.

Si, maintenant, nous passons à l'analyse minérale des cendres, nous voyons que celles-ci renferment :

| | |
|---|---|
| Acide phosphorique........ | 10.07 p. % |
| Potasse.................... | 24.80 |
| Soude...................... | 16.96 |
| Chaux...................... | 6.44 |
| Magnésie.................. | Traces. |

De cette analyse, nous pouvons conclure que la carotte des Ardennes sera surtout à sa place dans les sols fertiles, bien pourvus de tous les éléments essentiels, y compris l'azote.

www.ingramcontent.com/pod-product-compliance
Lightning Source LLC
LaVergne TN
LVHW012011160826
845678LV00002B/768

* 9 7 8 2 3 2 9 6 6 7 4 4 7 *